AVIS INSTRUCTIF

SUR L'USAGE

DES NOUVEAUX POIDS.

AVIS INSTRUCTIF
SUR L'USAGE
DES NOUVEAUX POIDS,

PAR F. GATTEY,

MEMBRE DU BUREAU CONSULTATIF DES POIDS ET MESURES.

PUBLIÉ AVEC L'APPROBATION DU MINISTRE DE L'INTÉRIEUR.

SECONDE ÉDITION.

A PARIS,

Chez DEBRAY, libraire, rue S.-Honoré, barriere des Sergents,
Et RONDONNEAU, au Dépôt des Lois, hôtel de Boulogne, rue S.-Honoré, nº 75.

AN XIII. = 1805.

AVIS INSTRUCTIF

SUR L'USAGE

DES NOUVEAUX POIDS.

TOUTES les marchandises qui se sont vendues jusqu'ici aux poids anciens doivent se vendre désormais aux poids nouveaux.

Il est de l'intérêt du marchand de se conformer à ce que la loi lui prescrit à cet égard, puisqu'autrement il s'exposeroit aux peines portées contre les contrevenants.

Il est de l'intérêt de l'acheteur d'exiger que les marchandises qu'on lui vend soient pesées avec les poids nouveaux, puisque la loi ne lui garantit plus l'exactitude des poids anciens, et même les regarde comme faux.

Quelle confiance le public pourroit-il avoir dans des poids que les marchands ne peuvent plus employer qu'en cachette et en prenant grand soin de les soustraire aux regards de la police?

La connoissance des nouveaux poids n'est pas au surplus difficile à acquérir; elle est infiniment plus simple que celle des anciens.

L'unité principale et usuelle des poids anciens étoit

la LIVRE ; elle est remplacée par le KILOGRAMME, qui vaut un peu plus de deux livres anciennes (poids de marc), sa valeur exacte est de 2 liv. 5 gros 35 grains, et 15 centiemes.

La livre ancienne se divisoit en 16 onces, l'once en 8 gros, le gros en 72 grains, le grain en quarts, 8emes, 16emes, etc.

Le *kilogramme* se divise en 10 hectogrammes, *l'hectogramme* en 10 décagrammes, le *décagramme* en 10 grammes, le *gramme* en 10 décigrammes, le *décigramme* en 10 centigrammes (1).

Un poids de 10 kilogrammes se nomme *myriagramme.*

Dix myriagrammes ou 100 kilogrammes font le *quintal métrique.*

Dix quintaux métriques font un *millier métrique.*

De cet ordre, qui a été établi dans la division des poids comme dans celle de toutes les mesures nouvelles et des monnoies, résultent de grands avantages.

Le premier, c'est que l'on n'a pas besoin de plus d'un nom pour exprimer une pesée quelconque, ce qui n'avoit pas lieu dans l'ancien systême où il n'étoit pas rare de voir la moindre quantité exprimée par plusieurs noms différents, tels que quintaux et livres ; livres, onces et gros ; onces, gros et grains.

---

(1) Il est permis d'employer pour désigner les mêmes poids les dénominations anciennes de livre, once, gros, denier, et grain, en y ajoutant toutefois le mot *nouveau* ou *métrique* ; mais l'expérience a fait sentir es inconvénients qu'il y avoit à exprimer ainsi par les noms anciens des choses nouvelles, qui sont très différentes de celles qu'ils ont désignées jusqu'à présent.

Dans le nouveau système, lorsque l'espece d'unité (1) dont on veut se servir est déterminée, les quantités supérieures s'expriment en dixaines, centaines, mille, etc.; les quantités inférieures s'expriment en dixiemes, centiemes, milliemes, etc.

Supposons, par exemple, que par le résultat d'une pesée on ait trouvé 3 myriagrammes, 4 kilogrammes, 7 hectogrammes, 8 décagrammes, et 9 grammes, et que l'on veuille rapporter toutes ces quantités au kilogramme, qui sera l'unité; on supprimera toutes les autres dénominations, et considérant les myriagrammes comme des dixaines de kilogrammes, les hectogrammes comme des dixiemes, les décagrammes comme des centiemes, et les grammes comme des milliemes, on dira 34 kilogrammes et $\frac{789}{1000}$.

Mais il seroit peu commode d'intercaler ainsi dans le nombre le nom de l'espece d'unité à laquelle se rapporte toute la pesée; on se contente de marquer la place des unités par un point posé à la droite du chiffre qui les exprime, et d'écrire au-dessus les lettres initiales du nom de l'unité, ou mieux encore de l'écrire en toutes lettres ou en abrégé avant le nombre. On se dispense aussi d'écrire le dénominateur de la fraction, dont la valeur est suffisamment indiquée par le nombre des

---

(1) On désigne sous le nom d'unité l'espece de poids à laquelle se rapporte la quantité que l'on veut exprimer; ainsi la livre étoit l'unité à laquelle se rapportoient assez généralement toutes les quantités de marchandises d'une consommation journaliere qui se vendent au détail; le quintal et le millier pour leur vente en gros; le marc étoit l'unité de poids pour l'argent, l'once pour l'or, etc.

chiffres qui composent le numérateur, parcequ'elle est toujours censée avoir pour dénominateur l'unité, c'est-à-dire le chiffre 1 suivi d'autant de zéro qu'il y a de chiffres au numérateur (1).

En conséquence la quantité ci-dessus s'écrira ainsi : 34.[kil.] 789, ou mieux encore : *kilogrammes* 34. 789 (2).

Le point qui sert à marquer la place des unités, se nomme point décimal, parcequ'il est destiné à séparer les entiers des décimales ou chiffres qui expriment la fraction décimale.

Le second avantage de la division décimale des poids, c'est de donner la facilité de pouvoir exprimer la même pesée de différentes manieres, sans avoir besoin de faire d'autre opération que de transporter le point décimal d'une ou plusieurs places vers la gauche ou vers la droite, et de changer le nom ou le signe indicatif de l'espece d'unité, en sorte que, quoique l'expression soit différente, la quantité soit néanmoins toujours la même.

Ainsi pour exprimer en hectogrammes la quantité de *kil.* 34.789, nous ne ferons autre chose que de transporter le point décimal après le 7 qui exprime les hecto-

---

(1) Ainsi la fraction décimale o. 5 signifie $\frac{5}{10}$, celle-ci o.78 signifie $\frac{78}{100}$, et celle-ci o. 98437 signifie $\frac{98437}{100000}$.

(2) Cela n'empêche pas que, pour plus de clarté, dans un registre un compte, une facture, etc., on ne conserve, si l'on veut, à chaque espece de poids le nom qui lui est propre, en plaçant les chiffres dans des colonnes différentes ; ainsi :

myri.	kilog.	hectog.	décag.	gram.
3.	4.	7.	8.	9.

grammes, et nous aurons: *hectog.* 347.89; pour désigner la même quantité en décagrammes, nous rapprocherons le point encore d'une place vers la droite, et nous aurons: *décag.* 3478.9; si nous voulons exprimer la même quantité en myriagrammes, nous reculerons au contraire le point d'une place vers la gauche, et nous aurons: *myriag.* 3.4789; si nous voulions l'exprimer en quintaux métriques, il faudroit reculer le point encore d'une place vers la gauche : mais comme il n'y a plus de chiffres, nous écririons un zéro à la place des unités, et nous aurions: *quint. métriq.* 0.34789

Dans l'ancien systême on n'avoit pas la même facilité; on ne pouvoit exprimer en onces une quantité de livres qu'en la multipliant par 16, ou en gros un nombre d'onces qu'en le multipliant par 8; pour réduire en gros un nombre de grains il falloit le diviser par 72; on étoit obligé de diviser par 8 les gros pour en faire des onces, et les onces par 16 pour en faire des livres.

Au reste ces transformations sont très commodes dans l'usage des nouveaux poids, où il est fréquemment besoin d'en user, et l'on ne sauroit trop s'y exercer pour se les rendre familieres.

Si l'on transposoit le point décimal sans changer le nom de l'unité, il est évident que la quantité exprimée par le nombre sur lequel on auroit fait cette operation ne seroit plus la même; elle seroit 10 fois, 100 fois, 1000 fois, etc. plus grande ou plus petite, selon qu'on auroit porté le point à une, deux ou trois places, etc. vers la droite ou vers la gauche.

Il suit de là qu'on peut multiplier ou diviser une quantité déterminée en poids nouveaux par 10, par 100, par 1000, etc. sans autre opération que de rapprocher le point décimal d'une, deux ou trois places, etc. vers la droite, ou de le reculer d'une, deux ou trois places vers la gauche.

C'est un troisieme avantage de la division décimale des poids, et qui en rend les calculs infiniment plus commodes que ceux des poids anciens, avec lesquels on ne pouvoit faire de semblables opérations sans être obligé d'y employer effectivement la multiplication et la division.

Soit, par exemple, cette quantité	*hectogr.*	13.542
On aura, en multipliant par 10. . .	*h.*	135.42
par 100. . .	*h.*	1354.2
par 1000. . .	*h.*	13542.
par 10000. . .	*h.*	135420.

Si on opere en sens contraire sur cet autre nombre.	*kil.*	348.5
On aura, en divisant par 10. . . .	*kil.*	34.85
par 100. . .	*kil.*	3.485
par 1000 . .	*kil.*	0.3485
par 10000. .	*kil.*	0.03485

Toutes ces quantités sont, comme l'on voit, exprimées par les mêmes chiffres ; il n'y a de changement que dans la place des unités.

La division décimale des poids procure un quatrieme

avantage encore plus précieux, c'est que par ce moyen on n'a plus dans les calculs l'embarras qu'y causent les fractions irrégulieres; il n'est plus question de quarts, de huitiemes, de seiziemes, de tiers, de douziemes, de soixante-douziemes, etc. Les opérations qui présentoient autrefois le plus de difficultés deviennent simples, faciles, et à la portée de toutes sortes de personnes, dès quelles savent les quatre regles de l'arithmétique sur les nombres simples.

Dans l'usage des anciens poids, lorsqu'on savoit le prix de la livre d'une marchandise, il falloit le diviser par 16 pour avoir celui de l'once; pour savoir le prix du gros il falloit ensuite diviser celui de l'once par 8, etc. Aujourd'hui le prix d'une unité quelconque des poids étant connu, ceux de toutes les autres unités le sont également; ils sont exprimés par les mêmes chiffres, mais avec des valeurs différentes qui sont déterminées par la place qu'occupe le point décimal.

Supposons, par exemple, que le prix du kilogramme d'une marchandise soit 18 fr., celui de l'hectogramme qui est le dixieme du kilogramme, sera *fr.* 1.80, celui du décagramme sera, *fr.* 0.18; celui du myriagramme, poids de 10 kilogrammes, sera 180 fr., celui du quintal métr., sera 1800 fr.

Il n'y a, comme l'on voit, aucuns calculs à faire pour cela.

Autrefois, lorsqu'on vouloit faire l'addition de plusieurs pesées différentes, composées, par exemple, de livres, d'onces, et de gros, on commencoit par additionner les gros, après quoi il falloit diviser le total par

8 , on écrivoit le reste à la colonne des gros, et on reportoit le quotient à celle des onces, dont, à son tour, on divisoit le total par 16 , et ainsi de suite.

Maintenant, lorsque les quantités sont écrites de maniere que les unités de même espece soient exactement placées les unes au-dessous des autres, on aditionne purement et simplement les chiffres de chaque colonne, et l'on reporte toujours les dixaines à la colonne suivante.

Autrefois, pour faire une soustraction, si le chiffre supérieur étoit plus petit que le chiffre inférieur, il falloit emprunter à la colonne suivante une unité; qui valoit 72 grains, si c'étoit un gros, ou bien 8 gros, si c'étoit une once, et 16 onces, si c'étoit une livre, etc.

Aujourd'hui toutes les unités que l'on emprunte valent régulièrement 10, et l'on n'a point à chercher quel est le nombre nouveau que donne l'addition de cette dixaine, puisque le chiffre auquel on l'ajoute reste le même; car si l'on ajoute 10 à 2 on a 12, 10 à 8 on a 18, et l'on a toujours sous les yeux la valeur sur laquelle on doit opérer.

Lorsqu'autrefois on avoit à multiplier le prix d'une marchandise par la pesée que l'on en avoit faite, il falloit faire ce qu'on appelle une multiplication complexe.

On avoit diverses méthodes pour faire ces opérations; les uns réduisoient les quantités en unités de la plus petite espece; les autres, au moyen de tarifs ou de la connoissance acquise dans une pratique continuelle des prix de chaque espece d'unité, faisoient des multiplications partielles, dont ils additionnoient ensuite les produits; quelques uns, et c'étoient les plus instruits, se servoient des parties aliquotes : mais ces diverses méthodes étoient embarrassantes, longues et difficiles ; le plus grand nombre recouroient aux comptes faits de Barême, et il en résultoit que la pratique de l'arithmétique étoit totalement négligée par la plupart des personnes qui en ont le besoin le plus habituel.

A présent l'opération est si simple, que personne ne peut plus se dispenser de la faire, et que l'on n'a plus besoin de recourir à des comptes faits. La quantité d'une marchandise étant exprimée en poids nouveaux et le prix d'une unité étant donné, on multiplie les deux nombres l'un par l'autre comme si c'étoient des nombres simples, sans faire attention au point qui sépare les entiers des fractions, après quoi on sépare dans le produit par le point décimal autant de chiffres vers la droite qu'il y a de décimales dans le multiplicande et dans le multiplicateur ensemble.

Si le nombre des décimales qui se trouvent alors au produit est trop considérable, on en retranche autant que l'on veut, avec cette précaution toutes fois que si le premier des chiffres que l'on supprime est plus grand que 5 ou un 5 suivi de quelques autres chiffres significatifs, il faut augmenter le chiffre précédent d'une unité, en sorte, par exemple, que si par le résultat d'une multiplication on avoit pour produit : *francs* 192. 5483, qui sont 192 francs et 5483 dix milliemes de franc, comme on ne tient guere compte des fractions du franc au-dessous du centime qui en est la centieme partie, on supprimeroit les deux dernieres décimales 83, et on augmenteroit le chiffre précédent 4 d'une unité ; on auroit alors pour produit : *francs* 192.55, c'est-à-dire 192 fr. 55 centimes.

Lorsque, dans l'ancien systême, le prix total d'un nombre de livres d'une marchandise étant connu, on vouloit savoir le prix de la livre, comme, par exemple, si le prix de 54 livres 10 onces de sucre étant de 63 liv. 18 sous, on eût voulu savoir le prix de la livre, il auroit fallu diviser 64 liv. 18 sous par 54 livres 10 onces, à quoi l'on ne seroit parvenu qu'après plusieurs opérations assez compliquées. Actuellement l'opération est infiniment simple ; elle se réduit à une division de nombres simples par des nombres simples; la seule attention que l'on doit avoir c'est d'ajouter à celui des deux nombres qui a le moins de décimales autant de zéro qu'il en faut pour qu'ils en aient chacun une quantité égale ; par-là on reduit ces deux nombres à des unités de la même espece, après quoi on fait la division sans faire attention au point décimal.

Lorsqu'on a épuisé les chiffres du dividende on pose un point au quotient, on ajoute au reste autant de zéro que l'on veut avoir de décimales au quotient, et l'on opere sur ce reste comme si c'étoit un nombre entier; les chiffres qui viennent au quotient sont des décimales. (1)

---

(1) Les personnes qui desireront de plus amples instructions sur l'application du calcul décimal aux nouveaux poids et mesures, doivent consulter les écrits qui ont été publiés sur cette matiere: on les trouvera particulièrement developées et accompagnées d'exémples qui en faciliteront la pratique, dans les *Éléments du nouveau systéme métrique*, ouvrage du même auteur, et qui se trouve chez les mêmes libraires que celui-ci.

Ces notions préliminaires sont nécessaires aux citoyens qui sont dans le cas de se servir des nouveaux poids; ceux qui se les seront rendues familieres ne seront embarrassés dans aucune circonstance, et trouveront l'usage de ces poids infiniment plus facile et plus commode que celui des anciens.

Les poids nouveaux, comme on l'a déja dit, se divisent régulierement par dix; le kilogramme contient 10 hectogrammes, l'hectogramme 10 décagrammes, et ainsi des autres.

Mais ce seroit une chose très embarrassante pour l'usage d'être obligé d'avoir toujours 10 poids de chaque espece; la loi a permis, pour la commodité du commerce, de faire des poids doubles de chaque espece d'unité, et d'autres qui n'en soient que la moitié, c'est-à-dire qui réunissent 5 unités de l'ordre inférieur.

Par ce moyen on satisfait à tout, sans trop multiplier les pieces, qui se réduisent au nombre strictement nécessaire pour effectuer toutes les pesées. La série entiere, depuis le poids de 5 myriagrammes, qui est le plus fort, puisqu'il vaut plus de 100 livres anciennes, jusqu'au poid d'un gramme, qui est le plus petit, (1)

---

(1) On ne parle pas ici des fractions du gramme, qui, comme les grains anciens et les fractions du grain, sont à l'usage d'un petit nombre de personnes; elles suivent au surplus le même ordre de division que les autres poids.

se compose ainsi qu'il suit :

poids.		kilogr.
1.	de 5. myriagrammes	50.
1.	de 2. id.	20.
2.	de 1. id.	20.
1.	de 5. kilogrammes	5.
1.	de 2. id.	2.
2.	de 1. id.	2.
1.	de 5. hectogrammes	0. 5
1.	de 2. id.	0. 2
2.	de 1. id.	0. 2
1.	de 5. décagrammes	0. 05
1.	de 2. id.	0. 02
2.	de 1. id.	0. 02
1.	de 5. grammes	0. 005
1.	de 2. id.	0. 002
3.	de 1. id.	0. 003
21.		100. 000

La totalité des poids est de 21, et compose 100 kilogrammes, qui font un peu plus de 200 livres anciennes.

Ils sont nécessaires aux citoyens qui sont dans le cas de faire des pesées en gros et en détail, à l'exception cependant du poids de 5 myriagrammes, qui est d'un usage peu commode et auquel on supplée par deux poids de deux myriagrammes chaque, et un poids d'un myriagramme. Chacun au reste peut choisir dans cette suite de poids ceux qui conviennent au genre et à l'étendue de son commerce, et se pourvoir en outre d'un plus grand nombre de ceux dont il a particulièrement besoin.

Quoiqu'il soit libre d'employer dans le commerce des poids de toutes sortes de formes, le choix n'en est pourtant pas indifférent; on doit préférer ceux qui different assez des anciens pour qu'on puisse facilement les en distinguer, mais sur-tout ceux à la forme desquels l'œil peut apprécier leur valeur, et tels sont les poids de forme prismatiques et les poids cylindriques dont la hauteur est partagée en stries qui indiquent que le poids contient deux ou cinq unités.

Les poids des autres formes ne disent rien à l'œil; ils peuvent même le tromper souvent en faisant prendre pour un demi ce qui n'est que les deux cinquiemes de l'unité, pour quart ce qui n'est qu'un cinquieme, ou pour un huitieme ce qui n'est qu'un dixieme.

Les poids à godets sur-tout sont d'un usage très dangereux, et favorable à la fraude, en ce qu'il est facile de donner pour le double d'une unité le poids qui lui est égal en valeur, quoiqu'en apparence beaucoup plus grand. Aussi les marchands jaloux de la confiance publique évitent-ils de se servir de ces sortes de poids.

Tous ces poids au surplus, de quelque forme qu'ils soient, doivent être marqués du poinçon de la république, ils doivent porter leur nom ou l'indication de leur valeur en chiffres.

Cette indication se fait assez communément sur les poids destinés au commerce de détail en chiffres

I

qui marquent quelle est leur valeur en grammes ; ainsi :

1. G. signifie	1. gramme	50. G. signifie	5. décagram.
2. G.	2. id.	100. G.	1. hectogram.
5. G.	5. id.	200. G.	2. id.
10. G.	1. décagram.	500. G.	5. id
20. G.	2. id.	1000. G.	1. kilogram.

L'usage des nouveaux poids seroit bientôt familier à tous les citoyens s'ils prenoient la ferme résolution d'oublier absolument les anciens poids et de ne plus employer que les nouveaux, soit pour vendre, soit pour acheter ; mais la force de l'habitude est telle qu'il est peu de personnes qui ne continuent à prendre les anciens poids pour regle, non seulement des quantités de marchandises qu'ils veulent vendre ou acheter, mais même des prix de ces marchandises, malgré l'embarras que donne une pareille méthode. C'est cette considération qui a donné lieu à la publication d'une multitude de tables de comparaison des anciens poids avec les nouveaux et des nouveaux avec les anciens, dont l'effet, contraire au but que se sont proposé leurs auteurs, a été de fournir aux marchands le moyen de continuer à vendre en poids anciens avec les poids nouveaux, d'aider la paresse des acheteurs, en les dispensant, à leur grand préjudice, de s'instruire dans la connoissance des poids nouveaux, et de reculer par conséquent l'époque desirée où les citoyens de toutes les classes ne doivent plus connoître que ces derniers.

C'est pour contribuer autant qu'il est en moi à arrêter les progrès d'une chose aussi contraire au bien général, préjudiciable sur-tout aux citoyens des classes les moins aisées, que j'ai entrepris ce petit écrit. Je vais essayer de tracer la marche que l'on doit suivre pour se remettre dans le véritable chemin.

Supposons que deux hommes se transportent dans un pays étranger, l'un pour y vendre ses marchandises, et l'autre pour acheter celles dont il a besoin.

Chacun portera-t-il avec lui ses propres poids, ou ne pourra-t-il vendre ou acheter avec les poids dont l'usage est seul permis dans le pays où il se trouve qu'autant qu'il saura exactement et avec la plus rigoureuse précision en quels rapports ils sont avec les siens? non sans doute : l'intérêt de l'un est de vendre toutes ses marchandises de maniere à en tirer le plus grand bénéfice dont la chose peut être susceptible; l'intérêt de l'autre est d'acheter la quantité de marchandise dont il a besoin au meilleur prix possible.

Il suffira donc à l'un et à l'autre de savoir quelle est à-peu-près en poids du pays la quantité de marchandises qu'il veut vendre ou acheter, afin de régler en conséquence les prix qu'il veut recevoir ou donner, le vendeur au plus haut possible, et l'acheteur au plus bas possible.

Tout habitant de la France peut en ce moment se considérer comme étant l'un de ces deux hommes; l'un est obligé de vendre, l'autre est obligé d'acheter, aux poids nouveaux, des marchandises dont ils ne connoissent la valeur qu'en poids anciens : qu'ont-ils à faire?

Il faut qu'ils tâchent de savoir à quelle quantité en

poids nouveaux équivaut à-peu-près, l'un la quantité de marchandise qu'il veut vendre, l'autre celle qu'il veut acheter, afin de pouvoir en conséquence en régler le prix, qui lui-même ne peut être rigoureusement fixé, puisque le vendeur peut le diminuer en proportion de l'envie qu'il a de vendre, et l'acheteur, au contraire, élever le sien en raison du desir ou du besoin qu'il a d'acheter. L'exactitude n'est essentielle que dans la pesée. (1)

Il résulte de là que ni l'acheteur ni le vendeur n'ont besoin de ces tables de comparaison sans nombre, qui ne servent qu'à les embarrasser, mais seulement de rapports simples, qui se placent facilement dans la mémoire, et à l'aide desquels on puisse à chaque instant déterminer en poids nouveaux et les quantités et les prix des marchandises ; or ces rapports simples les voici.

PREMIER RAPPORT.

Nous avons dit que le kilogramme valoit un peu plus de 2 livres anciennes, poids de marc ; il s'ensuit que la livre est à-peu-près la moitié du kilogramme, et que le prix du kilogramme doit être à-peu-près le double de celui de la livre.

On saura donc à-peu-près quelle est en kilogrammes l'équivalent d'une quantité de livres donnée, en prenant la moitié de cette quantité.

---

(1) Ceci ne s'applique qu'au commerce, et même au commerce des marchandises les plus usuelles : les savants ont besoin de rapports exacts ; mais ils ne manquent pas de moyens pour se les procurer ; et ce n'est pas pour eux qu'est fait cet écrit.

On saura le prix du kilogramme en doublant celui de la livre.

Si 2 livres font un kilogramme, 100 livres feront 50 kilogrammes; 24 livres vaudront 12 kilogrammes; 7 livres vaudront 3 kilogrammes et 5 dixiemes; 3 livres $\frac{1}{4}$ ou *livres* 3.25 vaudront *kilogr.* 1.625, etc.

Si le prix du kilogr. est le double de celui de la livre,

Le prix de la livre étant	Le prix du kilogr. sera
1f. 00......	..... 2f. 00
3. 50......	..... 7. 00
2. 75......	..... 5. 50
24. 18......	..... 48. 36

Tout cela est si simple qu'il seroit bien superflu d'en donner un plus grand nombre d'exemples.

Mais le kilogramme ne vaut pas exactement 2 livres, il vaut un peu plus; et il s'ensuit que ce premier rapport qui peut fort bien suffire dans une multitude de circonstances, pourroit paroître insuffisant dans d'autres: en voici un qui est plus approché.

DEUXIEME RAPPORT, PLUS APPROCHÉ.

Le kilogramme vaut à-peu-près 2 livres et 2 p % en sus.

La livre, par la même raison, équivaut à-peu-près à la moitié du kilogr. moins 2 centiemes de cette moitié.

On saura donc quelle est en kilogramme la valeur d'un nombre de livres, en prenant la moitié du nombre donné, et en retranchant de cette moitié 2 p % ou $\frac{2}{100}$.

On saura d'un autre côté quel doit être le prix du kilogramme comparativement à celui de la livre, en doublant celui-ci, et en ajoutant au produit 2 centiemes de ce produit ou 4 centiemes du prix de la livre.

PREMIER EXEMPLE. On demande combien 65 livres font de kilogrammes.

Prenez la moitié de 65 qui est ci. .	32. 5
Retranchez de cette moitié 2 p $\frac{0}{0}$ ou 2 centiemes, (1) ci..	0. 65
Il vous restera pour le nombre des kilogrammes cherché	kil. 31. 85

SECOND EXEMPLE. Le prix de la livre d'une marchandise étant de 3f. 50, on demande quel doit être celui du kilogramme.

Doublez le prix de la livre, vous aurez ci	7f. 00
Ajoutez 2 centiemes de ce nombre ou 4 centiemes du prix de la livre, qui font	0. 14
Vous aurez pour le prix demandé,	7f. 14

Il est bien peu de cas dans lesquels ce second rapport ne puisse suffire parfaitement pour faciliter, soit

(1) Pour avoir les 2 pour $\frac{0}{0}$ ou 2 centiemes d'un nombre, on sait qu'il faut le multiplier par 2 et poser les chiffres à 2 places plus en avant vers la droite ; on peut à cet effet ajouter deux zéro au nombre dont on veut prendre les 2 centiemes pour marquer les places sous lesquelles on doit poser les chiffres du produit de la multiplication. Ces zéro placés à la droite du point décimal ou à la suite des chiffres décimaux, ne changent en rien la valeur du nombre auquel on les ajoute; au reste, les 2 centiemes de la moitié sont le centieme de l'entier, et s'expriment par les mêmes chiffres reculés de 2 places vers la droite, ainsi les 2 centiemes de 32.5, qui est la moitié de 65, sont la même chose que le centieme de 65, et s'expriment par les mêmes chiffres avec une valeur cent fois moindre.

au vendeur, soit à l'acheteur, le moyen de déterminer et les quantités et les prix des marchandises en nouveaux poids. Il peut arriver cependant que, soit à raison de la quantité, soit à raison de la haute valeur de la marchandise, on craigne de tomber dans quelque erreur préjudiciable en s'en tenant à ce rapport, qui n'est qu'approché : en voici un troisieme plus exact, auquel on pourra recourir au besoin.

TROISIEME RAPPORT PLUS EXACT.

Prenez la moitié du nombre des livres, et de cette moitié retranchez 2 centiemes, vous aurez un premier reste dont vous retrancherez encore la millieme partie, ce qui restera sera un nombre de kilogrammes presque rigoureusement équivalent à celui des livres, et plus exact que ne pourroient le donner les poids et les balances qui sont dans le commerce.

Doublez le prix de la livre, ajoutez au produit 4 centiemes plus 3 milliemes du prix de la livre ; vous aurez le prix du kilogramme.

PREMIER EXEMPLE. On demande combien 2349 liv. font de kilogrammes.

Prenez la moitié de 2349, qui est, ci.	1174.500
Retranchez de ce nombre 2 centiemes, ci	23.490
Vous aurez un premier reste, ci. .	1151.01000
Dont vous retrancherez encore un millieme, ci.	1.15101
Il vous restera pour le nombre cherché, ci . . . . *kil.*	1149.85899
Ou bien en supprimant les décimales superflues	1149.86

SECOND EXEMPLE. Le prix de la livre étant supposé 109 f., on demande combien vaut le kilogramme.

Doublez le prix de la livre, ce qui vous donnera	218. 00
Ajoutez à ce nombre, 1° 4 centiemes du prix de la livre, ci.	4. 360
2° Trois milliemes du prix de la livre, ci.	0. 327
Vous aurez pour le prix du kilogramme ci.	222. 687
Ou simplement	222. 69

On pourra opérer en sens inverse lorsqu'on voudra savoir combien un nombre donné de kilogrammes fait de livres anciennes, ou bien quel seroit le prix de la livre comparativement à celui du kilogramme.

Mais si l'on ne s'obstine pas à vouloir continuer de vendre ou acheter aux poids anciens en se servant des poids nouveaux, on aura rarement besoin de faire ces opérations inverses, dans lesquelles au surplus le simple rapport de 1 à 2 ou de 2 à 1 sera toujours suffisant; en sorte que l'on saura avec assez d'exactitude combien un nombre de kilogrammes fait de livres en doublant le nombre des kilogrammes, et quel seroit le prix de la livre en prenant la moitié du prix du kilogramme.

Lorque par les moyens qui viennent d'être indiqués on sera parvenu à régler le prix du kilogramme pour chaque espece de marchandise, il sera facile d'en déduire celui des autres poids.

Ce prix sera exprimé, comme on l'a déja dit, par les mêmes chiffres, mais avec des valeurs différentes qui seront 10 fois, 100 fois, 1000 fois plus grandes ou plus petites, selon que le poids sera 10 fois, 100 fois, 1000 fois plus grand ou plus petit que le kilogramme.

En sorte, par exemple, que si le prix du kilogramme est de 27 f. 65, celui de tous les autres poids sera exprimé par les mêmes chiffres, mais avec des valeurs différentes; savoir :

Celui de l'hectogramme, qui est le 10e du kilogramme. . . . . . . 2f.765 ou simpl. 2f.77

Celui du décagramme, 100e du kilogramme. . . 0f.2765 ou 0f.28

Celui du gramme, 1000e du kilogramme. . . . . 0f.02765 ou 0f.03

Celui du myriagramme, poids de 10 kilogrammes. . 276f.50

Celui du quintal métrique de 100 kilogrammes. . . 2765f.

Celui du millier métrique. 27650f.

Quelques lecteurs pourront trouver les explications précédentes incompletes, en ce qu'il n'y est pas question des rapports de l'once à l'hectogramme, qui est le nouveau poids analogue, du gros au décagramme, etc.

Mais ces choses sont très superflues ; d'abord parcequ'il y a peu de marchandises qui se vendent à l'once uniquement ; et en second lieu, parceque dès que l'on sait le prix de l'once, il est bien facile d'en déduire celui de la livre en le multipliant par 16, puis celui du kilogramme, et enfin celui de l'hectogramme, ou du décagramme en suivant les procédés indiqués plus haut.

Supposons, par exemple, que le prix de l'once d'or étant de 108 f., on desire savoir le prix du décagramme.

En multipliant 108 par 16, on aura pour le prix de la livre. .	1728f.
On doublera ce nombre pour avoir le prix du kilogramme ci .	3456. 00
On ajoutera 2 p $\frac{0}{0}$ de ce dernier nombre ou 4 centiemes du prix de la livre, ci	69. 12
Puis 3 milliemes du prix de la livre, ci.	5. 184
Le prix du kilogramme sera conséquemment	3530.304

ou simplement, en supprimant les décimales 3530f.

D'où, en rapprochant le point décimal d'une place vers la gauche, on déduira pour le prix de l'hectogramme 353f.o, et en le rapprochant de deux places, on aura pour celui du décagramme 35f.3o.

Il est bon au surplus que l'on sache en général que l'hectogramme répond à un peu plus de 3 onces et $\frac{1}{4}$, et le décagramme à un peu moins de 2 gros et $\frac{2}{3}$, en sorte que le prix de l'once étant donné, en le multipliant par 3 et $\frac{1}{4}$, on aura à très peu de chose près celui de l'hectogramme; et celui du gros étant connu, on connoîtra de même celui du décagramme en le multipliant par 2 et $\frac{2}{3}$, ou plus exactement par 2 et 6 dixiemes.

Il résulte de tout ce qui vient d'être dit, que la premiere chose dont on doit s'occuper c'est de régler d'après les nouveaux poids les prix des marchandises en francs, décimes et centimes, après quoi toutes les opérations que l'on pourra avoir à faire, tous les calculs seront infiniment simples et faciles, comme on en va juger par quelques exemples.

PREMIER EXEMPLE. A $2^{f}.25$ le kilogramme, on demande combien doivent coûter 3 kilogrammes, 5 hectogrammes et 7 décagrammes.

On pourra opérer de la maniere suivante :

D'abord on multipliera $2^{f}.25$, prix du kilogramme, par 3, ce qui donnera, ci. . . . . . $6^{f}.75$

Ensuite on multipliera $0^{f}.225$, prix de l'hectogramme par 5, ce qui fait, ci. 1.125

Enfin on multipliera $0^{f}.0225$, prix du décagramme par 7, ce qui fait, ci. . 0.1575

On additionnera, et on aura pour le prix total, ci. . . . . $8^{f}.0325$

Ou bien simplement, en supprimant les deux dernieres décimales. 8.03

Mais cette maniere d'opérer, que nous n'avons indiquée ici que pour rendre la chose plus sensible, est lente; il sera bien plus simple de supprimer les dénominations d'hectogramme et de décagramme, pour ne considérer les chiffres auxquels elles s'appliquent que comme des dixiemes et des centiemes de kilogramme; on aura alors la quantité dont il s'agit exprimée ainsi: *kilogr.* 3.57.

On multipliera ce nombre 3.57 par 2.25; ayant obtenu au produit 80325, on séparera par un point les 4 derniers chiffres, parcequ'il y a deux décimales au multiplicande et 2 au multiplicateur, ce qui fait quatre en tout, et il restera pour le prix cherché 8f.0325 ou simplement 8f.03.

On n'opérera plus que de cette maniere dans les exemples suivants.

SECOND EXEMPLE. A 0f.65 le kilogramme, on demande combien doivent coûter *kilogr.* 14.295.

On multipliera 14.295 par 0.65, et l'on aura au produit 929175; mais comme il y a 3 décimales au multiplicande et 2 au multiplicateur, ce qui fait en tout 5, on séparera les 5 derniers chiffres de ce produit, et l'on aura pour le prix demandé 9f.29175, ou simplement, en supprimant les trois dernieres décimales qui sont superflues, puisqu'il n'y a pas de monnoie effective au-dessous du centime, 9f.29.

TROISIEME EXEMPLE. A 1f.65 le kilogramme, on demande combien doivent coûter *hectogr.* 4.54.

On pourra opérer de deux manieres; on commencera par déduire du prix du kilogramme 1.65, celui de l'hectogramme, qui est 0f.165, et en le multipliant par 4.54, on aura au produit 74910. Comme il y a 3 décimales au multiplicande et 2 au multiplicateur, il faut séparer les 5 derniers chiffres du produit; mais ici le produit n'a que 5 chiffres, on marquera donc par un zéro la place des unités, et l'on aura pour le prix cherché 0f.74910, ou simplement 0f.75.

Ou bien on réduira la quantité donnée en fraction du kilogramme, ce qui en fera *kilogr.* 0.454; et multipliant ce nombre par 1f 65, prix du kilogramme, on aura de même au produit 74910; et en séparant les cinq derniers chiffres, 0f.74910, ou simplement 0f.75.

QUATRIEME EXEMPLE. A 35f.25 le décagramme d'or, on demande combien valent *grammes* 4.3, c'est-à-dire 4 grammes et 3 dixiemes.

Comme le gramme est le dixieme du décagramme, il s'ensuit que 4 grammes et 3 dixiemes sont la même chose que 43 centiemes de décagramme, ou *décagr.* 0.43 : on multipliera donc 35.25, prix du décagramme, par 0.43, et l'on aura au produit 151575, dont, séparant par un point les quatre derniers chiffres, on fera 15f.1575, ou simplement 15f.16; ce sera le prix demandé.

En commençant par déduire du prix donné du décagramme 35.25, celui du gramme qui en est le 10eme 3f.525, et en multipliant ce dernier nombre par 4.3, on auroit le même résultat.

CINQUIEME EXEMPLE. Un marchand a *kilogr.* 584.3 de marchandises qui lui ont coûté 1595f., il desire savoir à combien revient le kilogramme.

Il faut diviser 1595 par 584.3, ce qui exige, comme on l'a expliqué plus haut, que l'on commence par ajouter un zéro au dividende 1595, afin qu'il y ait autant de décimales d'un côté que de l'autre, après quoi on opérera comme si l'on avoit 15950 à diviser purement et simplement par 5843, c'est-à-dire sans faire attention au point décimal.

L'opération étant faite et ayant donné pour quotient 2 avec un reste de 4264, on ajoutera à ce reste autant de zéro que l'on voudra avoir de décimales au quotient; par exemple, trois, et l'on aura ce nouveau nombre 4264000, que l'on divisera encore par 5843.

Cette seconde division ayant donné pour quotient 729, avec un reste que l'on peut négliger, on écrira ce quotient à la suite du premier, mais en le séparant par un point qui indiquera que les chiffres qui le composent sont des chiffres décimaux; ainsi le prix cherché sera $2^{f}.729$, ou simplement $2^{f}.73$.

SIXIEME EXEMPLE. On a acheté 318 kilogrammes de marchandises, lesquels ont coûté $169^{f}.54$, on demande à combien revient le kilogramme.

Il faut diviser 169.54 par 318; le diviseur étant plus grand que le dividende et ne pouvant y être contenu une fois, on écrira o au quotient à la place des unités, après quoi on divisera 16954 par 318, comme si c'étoient deux nombres simples, et les chiffres qui viendront au quotient seront des décimales; on aura pour quotient 53, et un reste que l'on pourra négliger; ce quotient étant ajouté au premier qui est o, le prix total cherché sera $o^{f}.53$ ou 53 centiemes.

Toutes les opérations que l'on peut être dans le cas

de faire sur les nouveaux poids rentrant nécessairement dans les regles du calcul ordinaire, on se dispensera d'en donner un plus grand nombre d'exemples.

On croit faire une chose qui pourra être agréable à beaucoup de personnes en leur faisant connoître un instrument très simple et très commode, avec le secours duquel on peut, sans prendre la plume, avoir en un instant le produit des multiplications et les quotients des divisions, et faire toutes sortes d'opérations d'arithmétique autres que l'addition et la soustraction, avec une exactitude suffisante pour les besoins ordinaires, et qui, s'il ne dispense pas de faire les mêmes opérations avec la plume, lorsque l'objet en est important, peut du moins les faciliter beaucoup en dispensant d'en faire la preuve, ou de s'assurer, en les répétant, que l'on n'a commis aucune erreur grave.

Cet instrument porte le nom de CADRAN LOGARITHMIQUE; il n'est nullement embarassant, et peut décorer agréablement un bureau, un comptoir, une cheminée.

Il se trouve aux mêmes adresses que cet écrit: son prix est de dix francs, avec l'instruction sur la maniere d'en faire usage.

On trouve aussi aux mêmes adresses des tablettes extrêmement commodes pour convertir en un instant et sans calcul une quantité donnée de poids anciens en poids nouveaux, et réciproquement, avec une précision presque aussi grande que celle que l'on pourroit obtenir par un calcul exact.

Le prix de ces tablettes est de 5 francs.

Pour ne rien laisser à desirer à nos lecteurs sur ce qui peut leur faciliter l'usage des nouveaux poids, on va placer ici une table infiniment simple, que chacun peut avoir sans cesse sous la main, et à l'aide de laquelle on pourra, sans avoir besoin de faire d'autres opérations que de simples additions, déterminer les prix du kilogramme et des autres poids d'après ceux de la livre, et réduire en poids anciens toutes sortes de quantités exprimées en poids nouveaux.

PRIX de la livre.	PRIX DU KILOGRAMME.					
	Mille.	Centaines.	Dixaines.	Unités.	Dixiemes.	Centiemes.
1. . .	2042.88	204. 29.	20. 43.	. 2. 04.	. 0. 20.	. 0. 02.
2. . .	4085.75	408. 58.	40. 86.	. 4. 09.	. 0. 41.	. 0. 04.
3. . .	6128.63	612. 86.	61. 29.	. 6. 13.	. 0. 61.	. 0. 06.
4. . .	8171.51	817. 15.	81. 72.	. 8. 17.	. 0. 82.	. 0. 08.
5. . .	10214.38	1021. 44.	102. 14.	10. 21.	. 1. 02.	. 0. 10.
6. . .	12257.26	1225. 73.	122. 57.	12. 26.	. 1. 23.	. 0. 12.
7. . .	14300.14	1430. 01.	143. 00.	14. 30.	. 1. 43.	. 0. 14.
8. . .	16343.01	1634. 30.	163. 43.	16. 34.	. 1. 63.	. 0. 16.
9. . .	18385.89	1838. 59.	183. 86.	18. 39.	. 1. 84.	. 0. 18.

Cette table est d'un usage très simple et très facile.

PREMIER EXEMPLE. Le prix de la livre étant de 5 décimes, si vous voulez avoir celui du kilogramme, vous n'avez qu'à prendre dans la colonne des dixiemes le nombre correspondant à 5 pris dans la colonne premiere, vous trouverez 1f.02 pour le prix du kilogramme; vous verrez en même-temps, en prenant le nombre correspondant dans la colonne à droite, que le prix de l'hectogramme sera de 0f.10, et dans les colonnes à gauche que le prix du myriagramme sera de 10f21, celui du quintal métrique de 102f.14, celui du millier métrique de 1021f.44.

SECOND EXEMPLE. Le prix de la livre étant de 4 francs, on demande quel sera celui du kilogramme.

4 francs sont 4 unités; prenez donc dans la colonne des unités le nombre correspondant à 4, prix de la livre; vous aurez 8f.17 pour le prix du kilogramme; et dans les colonnes suivantes à droite, 0f.82 pour le prix de l'hectogramme, 0f.08 pour celui du décagramme; ou dans celles à gauche, 81f.72 pour le prix du myriagramme, 817f.15 pour celui du quintal métrique, etc.

TROISIEME EXEMPLE. A 20f. la livre, combien le kilogramme?

20 francs sont 2 dixaines; prenez dans la colonne des dixaines le nombre correspondant à 2; vous aurez 40f.86, et pour les autres poids en conséquence dans les colonnes à droite ou à gauche, selon qu'ils seront plus grands ou plus petits.

QUATRIEME EXEMPLE. A 2f.35 la livre, combien le kilogramme?

Prenez d'abord pour 2 francs qui sont 2 unités, ci.	4.09
Puis pour 3 décimes qui sont 3 dixiemes, ci.	0.61
Puis enfin pour 5 centimes qui sont 5 centiemes, ci.	0.10
Faites l'addition, et vous aurez pour le prix demandé.	4.80

CINQUIEME EXEMPLE. Le prix de la livre étant de 12f.54, on demande quel doit être celui du kilogramme.

Prenez d'abord pour 10 francs, ci. . . .	20.43
Ensuite pour 2 unités, ci.	4.09
Puis pour 5 décimes, ci.	1.02
Enfin pour 4 centimes, ci.	0.08
Vous aurez en tout pour le prix demandé, ci.	25.62

SIXIEME EXEMPLE. Le prix de la livre étant de 3f.50, on demande quel sera celui du myriagramme.

Le myriagramme étant un poids de 10 kilogrammes, son prix doit-être dix fois plus grand que celui du kilogramme. On prendra donc pour 3 francs le nombre correspondant à trois, non pas dans la colonne des unités, mais dans celle des dixaines, ci.	61.29
Et pour 5 décimes le nombre correspondant à 5, non pas dans la colonne des dixiemes, mais dans celle des unités, ci.	10.21
Et l'on aura pour le prix du myriagramme, ci.	71.50

SEPTIEME EXEMPLE. Le prix de la livre étant de 0f.75, on demande quel doit être celui du quintal métrique.

Le quintal métrique étant un poids de 100 kilogrammes, son prix doit être 100 fois plus grand que celui du kilogramme, en conséquence, au lieu de prendre dans la colonne des dixiemes le nombre correspondant à 7 décimes, on prendra dans la colonne des dixaines qui sont 100 fois plus grandes que les dixiemes, et l'on aura, ci. 143.00

Et, au lieu de prendre dans la colonne des centiemes le nombre correspondant à 5 centimes, on le prendra dans celle des unités, ci. 10.21

Le prix du quintal métrique sera donc . 153.21

Nous avons annoncé que cette table avoit une autre utilité, qui est de donner un moyen pour connoître la valeur en poids anciens d'un nombre donné de poids nouveaux : la maniere de procéder à cet égard est absolument la même que pour connoître les prix des poids nouveaux comparativement à ceux des poids anciens ; il suffit de supposer que les nombres qui sont portés dans la premiere colonne expriment des kilogrammes, dixaines, centaines, mille, ou dixiemes, centiemes de kilogrammes, et que ceux qui sont dans les colonnes suivantes en donnent la valeur en livres et fractions décimales de la livre.

Ainsi, par exemple, s'il étoit question de savoir à combien de livres anciennes correspondent 29 kilogrammes, on prendroit pour 20 kilogrammes, qui sont 2 dixaines, le nombre de la colonne des dixaines correspondant à 2, qui est, ci. 40.86

Et pour 9 kilogrammes qui sont 9 unités, ci. 18.39

Total. . . . . liv. 59.25

C'est-à-dire 59 livres et 25 centiemes.

On trouvera, par des opérations semblables, que 318 kilogrammes valent en livres 670.16 ; que 2455 kilogrammes valent en livres 5015.25 ; que 7 hectogrammes, qui sont 7 dixiemes de kilogrammes, valent en livres 1.43 ; que 6 décagrammes, qui sont 6 centiemes de kilogrammes, valent en livre 0.12.

Lorsque par ce moyen on aura réduit un nombre donné de poids nouveaux en livres anciennes, il pourra arriver que l'on se trouve embarrassé pour savoir quelle est en fractions ordinaires de la livre la valeur des fractions décimales jointes au produit obtenu.

Comme dans ces circonstances on n'aura guere besoin d'une exactitude rigoureuse, il devroit suffire de savoir que la fraction décimale 0.50 équivaut à $\frac{1}{2}$; que 0.25 équivaut à $\frac{1}{4}$; 0.75 à $\frac{3}{4}$ comme 0. 33 à $\frac{1}{3}$; 0.67 à $\frac{2}{3}$; en sorte que toutes les fois que l'on auroit une fraction décimale qui approcheroit de l'un de ces nombres, on diroit qu'elle vaut un peu plus ou un peu moins d'un demi, d'un quart, de trois quarts, ou d'un tiers, de deux tiers.

Mais il est des cas où cette évaluation approximative pourroit paroître insuffisante ; il est bon que l'on trouve ici le moyen de la faire exactement.

Toutes les fois que l'on voudra convertir en onces une fraction décimale de la livre, on la multipliera par 16 ; on séparera dans le produit autant de chiffres qu'il y en a dans la fraction ; les entiers seront des onces, et les autres chiffres une fraction décimale de l'once, que l'on pourra à son tour convertir en gros, en la multipliant par 8. On convertira de même en grains les fractions décimales du gros, en les multipliant par 72, etc.

Voici des exemples qui feront mieux comprendre cette opération :

On a trouvé par le résultat de la conversion d'un nombre de poids nouveaux en poids anciens, *livres* 37.29, on demande quelle est en onces et gros la valeur de cette fraction décimale 0.29.

On multipliera 0.29 par 16, et l'on aura au produit 4.64 ; ce sera 4 onces 64 centiemes.

Il faudra ensuite multiplier par 8 cette nouvelle fraction 0.64, pour la convertir en gros, ce qui donnera 5.12, c'est-à-dire 5 gros et 12 centiemes.

Ainsi la valeur totale sera 37 liv. 4 onces 5 gros et 12 centiemes ; mais 12 centiemes different peu de la moitié de 25 centiemes, qui sont $\frac{1}{4}$; on pourra donc les évaluer à $\frac{1}{8}$ de gros.

Le résultat de la conversion d'une quantité de poids nouveaux en poids anciens ayant donné 3 liv. 07, on demande quelle est en onces, gros, et grains, la valeur de cette fraction décimale 0.07.

On la multipliera par 16, et l'on aura pour premier produit 1.12, c'est-à-dire 1 once et 12 centiemes.

On multipliera ensuite cette nouvelle fraction décimale 0.12 par 8, ce qui donnera 0.96, c'est-à-dire 0 gros et 96 centiemes.

Il faudra ensuite multiplier 0.96 par 72 ; on aura pour produit 69.12, c'est-à-dire 69 grains et 12 centiemes.

La valeur totale sera donc 34. liv. 1 once, 0 gros, 69 grains 12 centiemes.

Mais, nous le répétons, on sera rarement dans le cas de faire de semblables opérations, pour lesquelles on pourra presque toujours se contenter d'une valeur simplement approximative.

Nous terminerons cet écrit en renouvelant à tous les citoyens et aux marchands en particulier la pressante invitation d'abandonner la méthode vicieuse de vendre ou d'acheter aux poids anciens avec les nouveaux, méthode dont l'effet ne peut être que de reculer l'époque de l'établissement réel des nouveaux poids, qui est extrêmement embarrassante et nécessairement nuisible aux intérêts des uns et des autres, par les erreurs et même les tromperies qui peuvent en résulter (1), tandis que si chacun en venoit franchement à se servir des poids nouveaux, non pas comme pouvant par leurs diverses combinaisons composer les poids anciens, mais comme étant les seuls dont on puisse faire usage, sans aucun retour sur les anciens, non seulement le vœu de la loi seroit rempli, mais il n'y auroit personne, à l'exception toute fois des hommes de mauvaise foi et des frippons, qui n'y trouvât et son compte, et une grande économie de temps, et un allègement considérable dans les calculs.

---

(1) On a vu des marchands d'assez mauvaise foi pour donner deux hectogrammes, c'est à-dire environ 6 onces et 4 gros pour une demi-livre, 1 hectogramme, qui ne vaut que 3 onces et 2 gros, pour un quarteron, etc., et malheureusement ces petites fraudes tombent presque toujours sur les citoyens des classes les moins aisées, qui n'achetant qu'en détail et à mesure de leurs besoins journaliers, paient déja pour cela seul les denrées nécessaires à la vie plus cher que les autres, et les ont presque toujours de qualités inférieures.

Marchands réglez vos prix au kilogramme, et tout est fait de votre côté; vous êtes sûrs de vous concilier la confiance du public.

Acheteurs, sachez bien, retenez dans votre mémoire que le kilogramme ne vaut que 2 livres et 2 pour % en sus, c'est à dire que si vous avez besoin de deux livres de marchandises, en achetant un kilogramme, vous aurez votre compte et 2 pour % en sus; c'est-à-dire 2 livres et environ 5 gros et demi; que si la livre se vend 1 franc vous ne devez payer le kilogramme que 2f.04, c'est à dire 2 francs 4 centimes: et par conséquent que le demi kilogramme, qui est à très peu près l'équivalent de la livre ancienne ne doit coûter que 1 franc et 2 centimes. Mais ne souffrez pas que l'on vous vende à la livre avec des poids nouveaux, que l'on vous donne des demi-livres, des quarts, des onces, des gros anciens formés avec des poids nouveaux; cette condescendance ne peut tourner qu'à votre préjudice.

COMPTES FAITS

Des prix des nouveaux poids, d'après ceux de la livre ancienne (poids de marc).

QUELQUE simples que soient les opérations par lesquelles on peut parvenir à déterminer les prix des nouveaux poids, comparativement à ceux de la livre, et à régler ensuite le prix total d'une quantité exprimée en nouveaux poids, on ne peut se dissimuler cependant qu'il est beaucoup de circonstances dans lesquelles ces opérations peuvent encore paroître longues et embarrassantes, et cela doit être ainsi sur-tout pour les personnes qui sont accoutumées à faire usage des comptes faits de Barême, et pour qui de simples multiplications sont déja des choses trop compliquées. On croit donc faire une chose qui pourra être agréable non-seulement à ces personnes, mais encore à beaucoup d'autres pour qui le temps est précieux, en publiant les tables suivantes au moyen desquelles le prix de la livre étant donné, on peut aussitôt, et par de simples additions, savoir quel est celui d'une quantité exprimée en poids nouveaux.

On auroit pu se contenter de donner les prix d'une seule espece des poids nouveaux, puisque les prix des autres étant 10 fois, 100 fois, etc. plus grands ou plus petits, ils sont exprimés par les mêmes chiffres avec une valeur 10 fois, 100 fois, etc. plus grande ou plus petite; mais l'expérience a fait connoître que l'opération de multiplier ou de diviser un nombre par 10 ou par 100 en transportant le point décimal, toute simple qu'elle est, n'est pas facilement comprise par quelques personnes, et que celles mêmes qui y sont exercées commettent souvent dans le placement des chiffres des erreurs considérables, c'est par cette raison que l'on a préféré de donner séparément les prix de chaque espece de poids, en supprimant néanmoins les fractions de centimes, et en ajoutant une unité toutes les fois que ces fractions se sont trouvées plus fortes que un demi. Delà vient par exemple que le prix du kilogramme étant de 2f.86, celui de l'hectogramme est porté à 29 centimes au lieu de 28 et $\frac{6}{10}$, et celui du décagramme à 3 centimes au lieu de 2 et $\frac{86}{100}$, et ainsi des autres.

On n'a porté ces tables que jusqu'à 3 francs pour le prix de la livre, parce qu'il n'y a guere des marchandises d'une consommation journaliere qui excédent ce prix; mais d'ailleurs on peut fort bien s'en servir pour des prix beaucoup plus élevés, comme nous le ferons voir par les exemples, et l'on ne craint pas de dire qu'elles peuvent suffire pour tous les cas possibles.

On a considéré dans ces tables la valeur de 5 centimes comme égale à celle du sol ancien, quoi qu'il y ait quelque petite différence; mais il ne peut y avoir de difficulté à cet égard pourvu qu'on ait l'attention de commencer par s'expliquer positivement sur l'espece de monnoie ancienne ou nouvelle à laquelle on fixe le prix de la marchandise, parce que le produit doit toujours être de la même nature : savoir des francs et centimes, si ce prix a été fixé en monnoie nouvelle ; des livres et centiemes de livre, si le prix a été fixé en monnoie ancienne.

Supposons par exemple qu'il s'agisse de déterminer le prix de 13 kilogrammes et 7 hectogrammes de sucre, à 1 fr. 35 cent. (ou 27 sous) la livre, en convenant que ce prix est de monnoie ancienne, et que par les résultats de l'opération on ait trouvé pour le prix total 37.78, il est clair que le prix ayant été fixé en monnoie ancienne ce produit doit exprimer 37 liv. et 78 centiemes de livre, qui à 1 sol par 5 centiemes font 15 s. 6 d.

Si le prix eût été fixé à 1 fr. 35 cent. monnoie nouvelle, on auroit le même résultat ; mais il exprimeroit 37 francs 78 centimes.

Quant à la maniere de se servir de ces tables, elle se comprendra mieux par des exemples que par toutes les explications que l'on pourroit en donner.

PREMIER EXEMPLE. Le prix de la livre de viande étant de 55 centimes, on demande combien valent *kilogr.* 3.25, c'est-à-dire 3 kilogrammes 2 hectogrammes et 5 décagrammes.

On cherchera la table intitulée *à 55 centimes la livre*, puis on prendra pour 3 kilogrammes, dans la colonne des kilogrammes le nombre correspondant à 3 qui est, ci. 3f.37

Pour 2 hectogrammes, dans la colonne des hectogrammes le nombre correspondant à 2, qui est, ci. 0.22

Et pour 5 décagrammes, dans la colonne

3f.59

des décagrammes le nombre correspondant à 5, qui est, ci. 0.06

On fera l'addition, et l'on aura pour le prix total. 3f.65

SECOND EXEMPLE. Le prix de la livre de sucre étant à 1f.30 (26 sous), on demande combien doivent coûter *kilogr.* 27.52, c'est-à-dire 27 kilogrammes et 52 centiemes, ou bien 2 myriagrammes, 7 kilogrammes, 5 hectogrammes et 2 décagrammes.

On prendra dans la table intitulée à 1f.30 *la livre*, le prix de chaque poids en particulier; savoir :

Pour 2 myriagrammes, ci. 53f.11
Pour 7 kilogrammes, ci. 18.59
Pour 5 hectogrammes, ci. 1.33
Pour 2 décagrammes, ci. 0.05

L'addition faite on aura pour total, ci. . 73f.08

TROISIEME EXEMPLE. Le prix de la livre étant de 25 centimes, on demande combien doivent coûter 32 myriagrammes et 5 kilogrammes.

Pour 30 myriagrammes on prendra dans la table *à 25 centimes* le prix de 3 myriagrammes qui est 15.32, mais attendu que 30 myriagrammes sont une quantité dix fois plus grande que 3, on décuplera ce nombre en reculant d'une place vers la droite le point qui marque la place des unités, ce qui en fera, ci . . 153.20

Puis pour 2 myriagrammes, ci. . . . 10.21
Et enfin pour 5 kilogrammes, ci. . . . 2.55

On aura pour total, ci. 165.96

QUATRIEME EXEMPLE. A 4f.25 centimes la livre, on demande combien doivent coûter *kilogr.* 5.29, c'est-à-dire 5 kilogrammes 2 hectogrammes et 9 décagrammes.

Comme les tables ne vont point au-delà de 3 francs, on sera obligé de faire ici deux opérations : on divisera le prix de la livre en deux parties ; savoir : 3 francs et 1 franc 25 centimes, après quoi on prendra séparément la valeur de 5 kilogrammes et 29 centiemes pour chaque partie, on additionnera les résultats séparés de chaque opération, et le total sera le prix demandé.

Ainsi on aura pour 5 kilogrammes à 3f. la livre, ci.	30.64	
Pour 2 hectogrammes, *idem*. .	1.23	32.42
Pour 9 décagrammes, *idem*. .	0.55	
Puis pour 5 kilogrammes à 1f.25 la livre, ci.	12.77	
Pour 2 hectogrammes, *idem*. .	0.51	13.50
Pour 9 décagrammes, *idem*. .	0.22	
Total.		45.92

CINQUIEME EXEMPLE. Le prix de la livre étant de 11f.45, on demande combien doivent coûter 9 hectogrammes et 4 décagrammes.

On divisera le prix de la livre en 2 parties, par exemple : 10f. et 1f.45, dont on prendra les produits séparément.

Pour 10 francs on cherchera la table à 1f., mais comme 10 francs sont une quantité dix fois plus grande que 1 franc, au lieu de prendre la valeur de 9 hectogrammes dans la colonne des hectogrammes, on la prendra dans celle des kilogrammes, ainsi l'on aura

pour 9 hectogrammes, ci. . . .	18.39	19.21
Puis pour 4 décagrammes on prendra celle de 4 hectogrammes, qui est, ci.	0.82	

Après quoi on prendra dans la table à 1f.45.

Pour 9 hectogrammes, ci. . . .	2.67	2.79
Et pour 4 décagrammes, ci. .	0.12	
Le prix demandé sera conséquemment. .		22.00

Il est superflu d'observer que chacun des nombres qui se trouvent dans ces tables, est divisé en deux parties séparées par un point : les chiffres qui sont à gauche du point expriment des francs ou des livres, ceux qui sont à droite expriment des centimes ou des centiemes de livre, ainsi 73.54 signifie 73 francs et 54 centimes ou 73 livres et 54 centiemes de livre, qui font près de 11 sous.

A 5 centimes (1 sol) la livre.

	Myriagr.	Kilogr.	Hectogr.	Décagr.
1.	1.02	0.10	0.01	
2.	2.04	0.20	0.02	
3.	3.06	0.31	0.03	
4.	4.09	0.41	0.04	
5.	5.11	0.51	0.05	0.01
6.	6.13	0.61	0.06	0.01
7.	7.15	0.72	0.07	0.01
8.	8.17	0.82	0.08	0.01
9.	9.19	0.92	0.09	0.01

A 10 centimes (2 sous) la livre.

	Miryagr.	Kilogr.	Héctogr.	Décagr.
1.	2.04	0.20	0.02	
2.	4.09	0.41	0.04	
3.	6.13	0.61	0.06	0.01
4.	8.17	0.82	0.08	0.01
5.	10.21	1.02	0.10	0.01
6.	12.26	1.23	0.12	0.01
7.	14.30	1.43	0.14	0.01
8.	16.34	1.63	0.16	0.02
9.	18.39	1.84	0.18	0.02

A 15 centim. (3 sous) la livre.

	Myriagr.	Kilogr.	Hectogr.	Décagr.
1.	3.06	0.31	0.03	
2.	6.13	0.61	0.06	0.01
3.	9.19	0.92	0.09	0.01
4.	12.26	1.23	0.12	0.01
5.	15.32	1.53	0.15	0.02
6.	18.39	1.84	0.18	0.02
7.	21.45	2.15	0.21	0.02
8.	24.51	2.45	0.25	0.02
9.	27.58	2.76	0.28	0.03

A 20 centim. (4 sous) la livre.

	Myriagr.	Kilogr.	Hectogr.	Décagr.
1.	4.09	0.41	0.04	
2.	8.17	0.82	0.08	0.01
3.	12.26	1.23	0.12	0.01
4.	16.34	1.63	0.16	0.02
5.	20.43	2.04	0.20	0.02
6.	24.51	2.45	0.25	0.02
7.	28.60	2.86	0.29	0.03
8.	32.69	3.27	0.33	0.03
9.	36.77	3.68	0.37	0.04

A 25 centimes (5 sous) la livre.

	Myriagr.	Kilogr.	Hectogr.	Décagr.
1.	5.11	0.51	0.05	0.01
2.	10.21	1.02	0.10	0.01
3.	15.32	1.53	0.15	0.02
4.	20.43	2.04	0.20	0.02
5.	25.54	2.55	0.26	0.03
6.	30.64	3.06	0.31	0.03
7.	35.75	3.58	0.36	0.04
8.	40.86	4.09	0.41	0.04
9.	45.96	4.60	0.46	0.05

A 30 centimes (6 sous) la livre.

	Myriagr.	Kilogr.	Hectogr.	Décagr.
1.	6.13	0.61	0.06	0.01
2.	12.26	1.23	0.12	0.01
3.	18.39	1.84	0.18	0.02
4.	24.51	2.45	0.25	0.02
5.	30.64	3.06	0.31	0.03
6.	36.77	3.68	0.37	0.04
7.	42.90	4.29	0.43	0.04
8.	49.03	4.90	0.49	0.05
9.	55.16	5.52	0.55	0.06

A 35 centim. (7 sous) la livre.

	Myriagr.	Kilogr.	Hectogr.	Décagr.
1.	7.15	0.72	0.07	0.01
2.	14.30	1.43	0.14	0.01
3.	21.45	2.15	0.21	0.02
4.	28.60	2.86	0.29	0.03
5.	35.75	3.58	0.36	0.04
6.	42.90	4.29	0.43	0.04
7.	50.05	5.01	0.50	0.05
8.	57.20	5.72	0.57	0.06
9.	64.35	6.44	0.64	0.06

A 40 centimes (8 sous) la livre.

	Myriagr.	Kilogr.	Hectogr.	Décagr.
1.	8.17	0.82	0.08	0.01
2.	16.34	1.63	0.16	0.02
3.	24.51	2.45	0.25	0.02
4.	32.64	3.27	0.33	0.03
5.	40.86	4.09	0.41	0.04
6.	49.03	4.90	0.49	0.05
7.	57.20	5.72	0.57	0.06
8.	65.37	6.54	0.65	0.07
9.	73.54	7.35	0.74	0.07

A 45 centimes (9 sous) la livre.

	Myriagr.	Kilogr.	Hectogr.	Décagr.
1.	9.19	0.92	0.09	0.01
2.	18.39	1.84	0.18	0.02
3.	27.58	2.76	0.28	0.03
4.	36.77	3.68	0.37	0.04
5.	45.96	4.60	0.46	0.05
6.	55.16	5.52	0.55	0.06
7.	64.35	6.44	0.64	0.06
8.	73.54	7.35	0.74	0.07
9.	82.74	8.27	0.83	0.08

A 50 centim. (10 sous) la livre.

	Myriagr.	Kilogr.	Hectogr.	Décagr.
1.	10.21	1.02	0.10	0.01
2.	20.43	2.04	0.20	0.02
3.	30.64	3.06	0.31	0.03
4.	40.86	4.09	0.41	0.04
5.	51.07	5.11	0.51	0.05
6.	61.29	6.13	0.61	0.06
7.	71.50	7.15	0.72	0.07
8.	81.72	8.17	0.82	0.08
9.	91.93	9.19	0.92	0.09

A 55 centim. (11 sous) la livre.

	Myriagr.	Kilogr.	Hectogr.	Décagr.
1.	11.24	1.12	0.11	0.01
2.	22.47	2.25	0.22	0.02
3.	33.71	3.37	0.34	0.03
4.	44.94	4.49	0.45	0.04
5.	56.18	5.62	0.56	0.06
6.	67.41	6.74	0.67	0.07
7.	78.65	7.87	0.79	0.08
8.	89.89	8.99	0.90	0.09
9.	101.12	10.11	1.01	0.10

A 60 centim. (12 sous) la livre.

	Myriagr.	Kilogr.	Hectogr.	Décagr.
1.	12.26	1.23	0.12	0.01
2.	24.51	2.45	0.25	0.02
3.	36.77	3.68	0.37	0.04
4.	49.03	4.90	0.49	0.05
5.	61.29	6.13	0.61	0.06
6.	73.54	7.35	0.74	0.07
7.	85.80	8.58	0.86	0.09
8.	98.06	9.81	0.98	0.10
9.	110.32	11.03	1.10	0.11

A 65 centim. (13 sous) la livre.

	Myriagr.	Kilogr.	Hectogr.	Décagr.
1.	13.28	1.33	0.13	0.01
2.	26.56	2.66	0.27	0.03
3.	39.84	3.98	0.40	0.04
4.	53.11	5.31	0.53	0.05
5.	66.39	6.64	0.66	0.07
6.	79.67	7.97	0.80	0.08
7.	92.95	9.30	0.93	0.09
8.	106.23	10.62	1.06	0.11
9.	119.51	11.95	1.20	0.12

A 70 centim. (14 sous) la livre.

	Myriagr.	Kilogr.	Hectogr.	Décagr.
1.	14.30	1.43	0.14	0.01
2.	28.60	2.86	0.29	0.03
3.	42.90	4.29	0.43	0.04
4.	57.20	5.72	0.57	0.06
5.	71.50	7.15	0.72	0.07
6.	85.80	8.58	0.86	0.09
7.	100.10	10.01	1.00	0.10
8.	114.40	11.14	1.14	0.11
9.	128.70	12.87	1.29	0.13

A 75 centim. (15 sous) la livre.

	Myriagr.	Kilogr.	Hectogr.	Décagr.
1.	15.32	1.53	0.15	0.02
2.	30.64	3.06	0.31	0.03
3.	45.96	4.60	0.46	0.05
4.	61.29	6.13	0.61	0.06
5.	76.61	7.66	0.77	0.08
6.	91.93	9.19	0.92	0.09
7.	107.25	10.73	1.07	0.11
8.	122.57	12.26	1.23	0.12
9.	137.89	13.79	1.38	0.14

A 80 centim. (16 sous) la livre.

	Myriagr.	Kilogr.	Hectogr.	Décagr.
1.	16.34	1.63	0.16	0.02
2.	32.69	3.27	0.33	0.03
3.	49.03	4.90	0.49	0.05
4.	65.37	6.54	0.65	0.07
5.	81.72	8.17	0.82	0.08
6.	98.06	9.81	0.98	0.10
7.	114.40	11.44	1.14	0.11
8.	130.74	13.07	1.31	0.13
9.	147.09	14.71	1.47	0.15

A 85 centim. (17 sous) la livre.

	Myriagr.	Kilogr.	Hectogr.	Décagr.
1.	17.36	1.74	0.17	0.02
2.	34.73	3.47	0.35	0.03
3.	52.09	5.21	0.52	0.05
4.	69.46	6.95	0.69	0.07
5.	86.82	8.68	0.87	0.09
6.	104.19	10.42	1.04	0.10
7.	121.55	12.16	1.22	0.12
8.	138.92	13.89	1.39	0.14
9.	156.28	15.63	1.56	0.16

A 90 centim. (18 sous) la livre.

	Myriagr.	Kilogr.	Hectogr.	Décagr.
1.	18.39	1.84	0.18	0.02
2.	36.77	3.68	0.37	0.04
3.	55.16	5.52	0.55	0.06
4.	73.54	7.35	0.74	0.07
5.	91.93	9.19	0.92	0.09
6.	110.32	11.03	1.10	0.11
7.	128.70	12.87	1.29	0.13
8.	147.09	14.71	1.47	0.15
9.	165.47	16.55	1.65	0.17

A 95 centim. (19 sous) la livre.

	Myriagr.	Kilogr.	Hectogr.	Décagr.
1.	19.41	1.94	0.19	0.02
2.	38.81	3.88	0.39	0.04
3.	58.22	5.82	0.58	0.06
4.	77.63	7.76	0.78	0.08
5.	97.04	9.70	0.97	0.10
6.	116.44	11.64	1.16	0.12
7.	135.85	13.59	1.36	0.14
8.	155.26	15.53	1.55	0.16
9.	174.67	17.47	1.75	0.17

A 1f. (20 sous) la livre.

	Myriagr.	Kilogr.	Hectogr.	Décagr.
1.	20.43	2.04	0.20	0.02
2.	40.86	4.09	0.41	0.04
3.	61.29	6.13	0.61	0.06
4.	81.72	8.17	0.82	0.08
5.	102.14	10.21	1.02	0.10
6.	122.57	12.26	1.23	0.12
7.	143.00	14.30	1.43	0.14
8.	163.43	16.34	1.63	0.16
9.	183.86	18.39	1.84	0.18

A 1f.05 (21 sous) la livre.

	Myriagr.	Kilogr.	Hectogr.	Décagr.
1.	21.45	2.15	0.21	0.02
2.	42.90	4.29	0.43	0.04
3.	64.35	6.44	0.64	0.06
4.	85.80	8.58	0.86	0.09
5.	107.25	10.73	1.07	0.11
6.	128.70	12.87	1.29	0.13
7.	150.15	15.02	1.50	0.15
8.	171.60	17.16	1.72	0.17
9.	193.05	19.31	1.93	0.19

A 1f.10 (22 sous) la livre.

	Myriagr.	Kilogr.	Hectogr.	Décagr.
1.	22.47	2.25	0.22	0.02
2.	44.94	4.49	0.45	0.04
3.	67.41	6.74	0.67	0.07
4.	89.89	8.99	0.90	0.09
5.	112.36	11.24	1.12	0.11
6.	134.83	13.48	1.35	0.13
7.	157.30	15.73	1.57	0.16
8.	179.77	17.98	1.80	0.18
9.	202.24	20.22	2.02	0.20

A 1f.15 (23 sous) la livre.

	Myriagr.	Kilogr.	Hectogr.	Décagr.
1.	23.49	2.35	0.23	0.02
2.	46.99	4.70	0.47	0.05
3.	70.48	7.05	0.70	0.07
4.	93.97	9.40	0.94	0.09
5.	117.47	11.75	1.17	0.12
6.	140.96	14.10	1.41	0.14
7.	164.45	16.45	1.64	0.16
8.	187.94	18.79	1.88	0.19
9.	211.44	21.14	2.11	0.21

A 1f.20 (24 sous) la livre.

	Myriagr.	Kilogr.	Hectogr.	Décagr.
1.	24.51	2.45	0.25	0.02
2.	49.03	4.90	0.49	0.05
3.	73.54	7.35	0.74	0.07
4.	98.06	9.81	0.98	0.10
5.	122.57	12.26	1.23	0.12
6.	147.09	14.71	1.47	0.15
7.	171.60	17.16	1.72	0.17
8.	196.12	19.61	1.96	0.20
9.	220.63	22.06	2.21	0.22

A $1^{f}.25$ (25 sous) la livre.

	Myriagr.	Kilogr.	Hectogr.	Décagr.
1.	25.54	2.55	0.26	0.03
2.	51.07	5.11	0.51	0.05
3.	76.61	7.66	0.77	0.08
4.	102.14	10.21	1.02	0.10
5.	127.68	12.77	1.28	0.13
6.	153.22	15.32	1.53	0.15
7.	178.75	17.88	1.79	0.18
8.	204.29	20.43	2.04	0.20
9.	229.82	22.98	2.23	0.22

A $1^{f}.30$ (26 sous) la livre.

	Myriagr.	Kilogr.	Hectogr.	Décagr.
1.	26.56	2.66	0.27	0.03
2.	53.11	5.31	0.53	0.05
3.	79.67	7.97	0.80	0.08
4.	106.23	10.62	1.06	0.11
5.	132.79	13.28	1.33	0.13
6.	159.34	15.93	1.59	0.16
7.	185.90	18.59	1.86	0.19
8.	212.46	21.25	2.12	0.21
9.	239.02	23.90	2.39	0.24

A $1^{f}.35$ (27 sous) la livre.

	Myriagr.	Kilogr.	Hectogr.	Décagr.
1.	27.58	2.76	0.28	0.03
2.	55.16	5.52	0.55	0.06
3.	82.74	8.27	0.83	0.08
4.	110.32	11.03	1.10	0.11
5.	137.89	13.79	1.38	0.14
6.	165.47	16.55	1.65	0.17
7.	193.05	19.31	1.93	0.19
8.	220.63	22.06	2.21	0.22
9.	248.21	24.82	2.48	0.25

A $1^{f}.40$ (28 sous) la livre.

	Myriagr.	Kilogr.	Hectogr.	Décagr.
1.	28.60	2.86	0.29	0.03
2.	57.20	5.72	0.57	0.06
3.	85.80	8.58	0.86	0.09
4.	114.40	11.44	1.14	0.11
5.	143.00	14.30	1.43	0.14
6.	171.60	17.16	1.72	0.17
7.	200.20	20.02	2.00	0.20
8.	228.80	22.88	2.29	0.23
9.	257.40	25.74	2.57	0.26

A 1f.45 (29 sous) la livre.

	Myriagr.	Kilogr.	Hectogr.	Décagr.
1.	29.62	2.96	0.29	0.03
2.	59.24	5.92	0.59	0.06
3.	88.87	8.89	0.89	0.09
4.	118.49	11.85	1.18	0.12
5.	148.11	14.81	1.48	0.15
6.	177.73	17.77	1.78	0.18
7.	207.35	20.74	2.07	0.21
8.	236.97	23.70	2.37	0.24
9.	266.60	26.66	2.67	0.27

A 1f.50 (30 sous) la livre.

	Myriagr.	Kilogr.	Hectogr.	Décagr.
1.	30.64	3.06	0.31	0.03
2.	61.29	6.13	0.61	0.06
3.	91.93	9.19	0.92	0.09
4.	122.57	12.26	1.23	0.12
5.	153.22	15.32	1.53	0.15
6.	183.86	18.39	1.84	0.18
7.	214.50	21.45	2.15	0.21
8.	245.15	24.51	2.45	0.25
9.	275.79	27.58	2.76	0.28

A 1f.55 (31 sous) la livre.

	Myriagr.	Kilogr.	Hectogr.	Décagr.
1.	31.66	3.17	0.32	0.03
2.	63.33	6.33	0.63	0.06
3.	94.99	9.50	0.95	0.10
4.	126.66	12.67	1.27	0.13
5.	158.32	15.83	1.58	0.16
6.	189.99	19.00	1.90	0.19
7.	221.65	22.17	2.22	0.22
8.	253.32	25.33	2.53	0.25
9.	284.98	28.50	2.85	0.29

A 1f.60 (32 sous) la livre.

	Myriagr.	Kilogr.	Hectogr.	Décagr.
1.	32.69	3.27	0.33	0.03
2.	65.37	6.54	0.65	0.07
3.	98.06	9.81	0.98	0.10
4.	130.74	13.07	1.31	0.13
5.	163.43	16.34	1.63	0.16
6.	196.12	19.61	1.96	0.20
7.	228.80	22.88	2.29	0.23
8.	261.49	26.15	2.61	0.26
9.	294.17	29.42	2.94	0.29

A 1f.65 (33 sous) la livre.

	Myriagr.	Kilogr.	Hectogr.	Décagr.
1.	33.71	3.37	0.34	0.03
2.	67.41	6.74	0.67	0.07
3.	101.12	10.11	1.01	0.10
4.	134.83	13.48	1.35	0.14
5.	168.54	16.85	1.69	0.17
6.	202.24	20.22	2.02	0.20
7.	235.95	23.60	2.36	0.24
8.	169.66	26.97	2.70	0.27
9.	303.37	30.34	3.03	0.30

A 1f.70 (34 sous) la livre.

	Myriagr.	Kilogr.	Hectogr.	Décagr.
1.	34.73	3.47	0.35	0.03
2.	69.46	6.95	0.69	0.07
3.	104.19	10.42	1.04	0.10
4.	138.92	13.89	1.39	0.14
5.	173.64	17.36	1.74	0.17
6.	208.37	20.84	2.08	0.21
7.	243.10	24.31	2.43	0.24
8.	277.83	27.78	2.78	0.28
9.	312.56	31.26	3.13	0.31

A 1f.75 (35 sous) la livre.

	Myriagr.	Kilogr.	Hectogr.	Décagr.
1.	35.75	3.58	0.36	0.04
2.	71.50	7.15	0.72	0.07
3.	107.25	10.73	1.07	0.11
4.	143.00	14.30	1.43	0.14
5.	178.75	17.88	1.79	0.18
6.	214.50	21.45	2.15	0.21
7.	250.25	25.03	2.50	0.25
8.	286.00	28.60	2.86	0.29
9.	321.75	32.18	3.22	0.32

A 1f.80 (36 sous) la livre.

	Myriagr.	Kilogr.	Hectogr.	Décagr.
1.	36.77	3.68	0.37	0.04
2.	73.54	7.35	0.74	0.07
3.	110.32	11.03	1.10	0.11
4.	147.09	14.71	1.47	0.15
5.	183.86	18.39	1.84	0.18
6.	220.63	22.06	2.21	0.22
7.	257.40	25.74	2.57	0.26
8.	294.17	29.42	2.94	0.29
9.	330.95	33.09	3.31	0.33

A 1^{f}.85 (37 sous) la livre.

	Myriagr.	Kilogr.	Hectogr.	Décagr.
1.	37.79	3.78	0.38	0.04
2.	75.59	7.56	0.76	0.08
3.	113.38	11.34	1.13	0.11
4.	151.17	15.12	1.51	0.15
5.	188.97	18.90	1.89	0.19
6.	226.76	22.68	2.27	0.23
7.	264.55	26.46	2.65	0.26
8.	302.35	30.23	3.02	0.30
9.	340.14	34.01	3.40	0.34

A 1^{f}.85 (37 sous) la livre.

	Myriagr.	Kilogr.	Hectogr.	Décagr.
1.	38.81	3.88	0.39	0.04
2.	77.63	7.76	0.78	0.08
3.	116.44	11.64	1.16	0.12
4.	155.26	15.53	1.55	0.16
5.	194.07	19.41	1.94	0.19
6.	232.89	23.29	2.33	0.23
7.	271.70	27.17	2.72	0.27
8.	310.52	31.05	3.11	0.31
9.	349.33	34.93	3.49	0.35

A 1^{f}.95 (39 sous) la livre.

	Myriagr.	Kilogr.	Hectogr.	Decagr.
1.	39.84	3.98	0.40	0.04
2.	79.67	7.97	0.80	0.08
3.	119.51	11.95	1.20	0.12
4.	159.34	15.93	1.59	0.16
5.	199.18	19.92	1.99	0.20
6.	239.02	23.90	2.39	0.24
7.	278.85	27.89	2.79	0.28
8.	318.69	31.87	3.19	0.32
9	358.52	35.85	3.59	0.36

A 2^{f}. (40 sous) la livre.

	Myriagr.	Kilogr.	Hectogr.	Décagr.
1.	40.86	4.09	0.41	0.04
2.	81.72	8.17	0.82	0.08
3.	122.57	12.26	1.23	0.12
4.	163.43	16.34	1.63	0.16
5.	204.29	20.43	2.04	0.20
6.	245.15	24.51	2.45	0.25
7.	286.00	28.60	2.86	0.29
8.	326.86	32.69	3.27	0.33
9.	367.72	36.77	3.68	0.37

A 2^{f}.05 (41 sous) la livre.

	Myriagr.	Kilogr.	Hectogr.	Décagr.
1.	41.88	4.19	0.42	0.04
2.	83.76	8.38	0.84	0.08
3.	125.64	12.56	1.26	0.13
4.	167.52	16.75	1.68	0.17
5.	209.39	20.94	2 09	0.21
6.	251.27	25.13	2.51	0.25
7.	293.15	29.32	2.93	0.29
8.	335.03	33.50	3.35	0.34
9.	376.91	37.69	3.77	0.38

A 2^{f}.10 (42 sous) la livre.

	Myriagr.	Kilogr.	Hectogr.	Décagr.
1.	42.90	4.29	0.43	0.04
2.	85.80	8.58	0.86	0.09
3.	128.70	12.87	1.29	0.13
4.	171.60	17.16	1.72	0.17
5.	214.50	21.45	2.15	0.21
6.	257.40	25.74	2.57	0.26
7.	300.30	30.03	3.00	0.30
8.	343.20	34.32	3.43	0.34
9.	386.10	38.61	3.86	0.39

A 2^{f}.15 (43 sous) la livre.

	Myriagr.	Kilogr.	Hectogr.	Décagr.
1.	43.92	4.39	0.44	0.04
2.	87.84	8.78	0.88	0.09
3.	131.77	13.18	1.32	0.13
4.	175.69	17.57	1.76	0.18
5.	219.61	21.96	2.20	0.22
6.	263.53	26 35	2.64	0.26
7.	307.45	30.75	3.07	0 31
8.	351.37	35.14	3 51	0 35
9.	395.30	39.53	3.95	0.40

A 2^{f}.20 (44 sous) la livre.

	Myriagr.	Kilogr.	Hectogr.	Décagr.
1.	44.94	4.49	0.45	0.04
2.	89.89	8.99	0.90	0.09
3.	134.83	13.48	1.35	0.13
4.	179.77	17.98	1.80	0.18
5.	224.72	22.47	2.25	0.22
6.	269.66	26.97	2.70	0.27
7.	314.60	31.46	3.15	0.31
8.	359.55	35.96	3.60	0.36
9.	404.49	40.45	4.04	0.40

A 2f.25 (45 sous) la livre.

	Myriagr.	Kilogr.	Hectogr.	Décagr.
1.	45.88	4.59	0.46	0.05
2.	91.77	9.18	0.92	0.09
3.	137.65	13.77	1.38	0.14
4.	183.54	18.35	1.84	0.18
5.	229.42	22.94	2.29	0.23
6.	275.31	27.53	2.75	0.28
7.	321.19	32.12	3.21	0.32
8.	367.08	36.71	3.67	0.37
9.	412.96	41.30	4.13	0.41

A 2f.30 (46 sous) la livre.

	Myriagr.	Kilogr.	Hectogr.	Décagr.
1.	46.99	4.70	0.47	0.05
2.	93.97	9.40	0.94	0.09
3.	140.96	14.10	1.41	0.14
4.	187.94	18.79	1.88	0.19
5.	234.93	23.49	2.35	0.23
6.	281.92	28.19	2.82	0.28
7.	328.90	32.89	3.29	0.33
8.	375.89	37.59	3.76	0.38
9.	422.87	42.29	4.23	0.42

A 2f.35 (47 sous) la livre.

	Myriagr.	Kilogr.	Hectogr.	Décagr.
1.	48.01	4.80	0.48	0.05
2.	96.02	9.60	0.96	0.10
3.	144.02	14.40	1.44	0.14
4.	192.03	19.20	1.92	0.19
5.	240.04	24.00	2.40	0.24
6.	288.05	28.[illegible]0	2.88	0.29
7.	336.05	33.61	3.36	0.34
8.	384.06	38.41	3.84	0.38
9.	432.07	43.21	4.32	0.43

A 2f.40 (48 sous) la livre.

	Myriagr.	Kilogr.	Hectogr.	Décagr.
1.	49.03	4.90	0.49	0.05
2.	98.[illegible]6	9.8[illegible]	0.98	0.10
3.	147.09	14.71	1.47	0.15
4.	196.12	19.61	1.96	0.20
5.	245.15	24.51	2.45	0.25
6.	294.17	29.42	2.94	0.29
7.	343.20	34.32	3.43	0.34
8.	392.23	39.22	3.92	0.39
9.	441.26	44.13	4.41	0.44

A 2f.45 (49 sous) la livre.

	Myriagr.	Kilogr.	Hectogr.	Décagr.
1.	50.05	5.01	0.50	0.05
2.	100.10	10.01	1.00	0.10
3.	150.15	15.02	1.50	0.15
4.	200.20	20.02	2.00	0.20
5.	250.25	25.03	2.50	0.25
6.	300.30	30.03	3.00	0.30
7.	350.35	35.04	3.50	0.35
8.	400.40	40.04	4.00	0.40
9.	450.45	45.05	4.50	0.45

A 2f.50 (50 sous) la livre.

	Myriagr.	Kilogr.	Hectogr.	Decagr.
1.	51.07	5.11	0.51	0.05
2.	102.14	10.21	1.02	0.10
3.	153.22	15.32	1.53	0.15
4.	204.29	20.43	2.04	0.20
5.	255.36	25.54	2.55	0.26
6.	306.43	30.64	3.06	0.31
7.	357.50	35.75	3.58	0.36
8.	408.58	40.86	4.09	0.41
9.	459.65	45.96	4.60	0.46

A 2f.55 (51 sous) la livre.

	Myriagr.	Kilogr.	Hectogr.	Décagr.
1.	52.09	5.21	0.52	0.05
2.	104.19	10.42	1.04	0.10
3.	156.28	15.63	1.56	0.16
4.	208.37	20.84	2.08	0.21
5.	260.47	26.05	2.60	0.26
6.	312.56	31.26	3.13	0.31
7.	364.65	36.47	3.65	0.36
8.	416.75	41.68	4.17	0.42
9.	478.84	47.88	4.79	0.48

A 2f.60 (52 sous) la livre.

	Myriagr.	Kilogr.	Hectogr.	Décagr.
1.	53.11	5.31	0.53	0.05
2.	106.23	10.62	1.06	0.11
3.	159.34	15.93	1.59	0.16
4.	212.46	21.25	2.12	0.21
5.	265.57	26.56	2.66	0.27
6.	318.69	31.87	3.19	0.32
7.	371.80	37.18	3.72	0.37
8.	424.92	42.49	4.25	0.42
9.	478.03	47.80	4.78	0.48

A 2f.65 (53 sous) la livre.

	Myriagr.	Kilogr.	Hectogr.	Décagr.
1.	54.15	5.42	0.54	0.05
2.	108.29	10.83	1.08	0.11
3.	162.44	16.24	1.62	0.16
4.	216.58	21.66	2.17	[illegible]
5.	270.73	27.07	2.71	0.27
6.	324.88	32.49	3.25	0.32
7.	379.02	37.90	3.79	0.38
8.	433.17	43.32	4.33	0.43
9.	487.32	48.73	4.87	0.49

A 2f.70 (54 sous) la livre.

	Myriagr.	Kilogr.	Hectogr.	Décagr.
1.	55.16	5.52	0.55	0.06
2.	110.32	11.03	1.10	0.11
3.	165.47	16.55	1.65	0.17
4.	220.63	22.06	2.21	0.22
5.	275.79	27.58	2.76	0.28
6.	330.95	33.10	3.31	0.33
7.	386.10	38.61	3.86	0.39
8.	441.26	44.13	4.41	0.44
9.	496.42	49.64	4.96	0.50

A 2f.75 (55 sous) la livre.

	Myriagr.	Kilogr.	Hectogr.	Décagr.
1.	56.18	5.62	0.56	0.06
2.	112.36	11.24	1.12	0.11
3.	168.54	16.85	1.69	0.17
4.	224.72	22.47	2.25	0.22
5.	280.90	28.09	2.81	0.28
6.	337.07	33.71	3.37	0.34
7.	393.25	39.33	3.93	0.39
8.	449.43	44.94	4.49	0.45
9.	505.61	50.56	5.06	0.51

A 2f.80 (56 sous) la livre.

	Myriagr.	Kilogr.	Hectogr.	Décagr.
1.	57.20	5.72	0.57	0.06
2.	114.40	11.44	1.14	0.11
3.	171.60	17.16	1.72	0.17
4.	228.80	22.88	2.29	0.23
5.	286.00	28.60	2.86	0.29
6.	343.20	34.32	3.43	0.34
7.	400.40	40.04	4.00	0.40
8.	457.60	45.76	4.58	0.46
9.	514.80	51.48	5.15	0.51

A 2f.85 (57 sous) la livre.

	Myriagr.	Kilogr.	Hectogr.	Décagr.
1.	58.22	5.82	0.58	0.06
2.	116.44	11.64	1.16	0.12
3.	174.67	17.47	1.75	0.18
4.	232.89	23.29	2.33	0.23
5.	291.11	29.11	2.91	0.29
6.	349.33	34.93	3.49	0.35
7.	407.55	40.76	4.08	0.41
8.	465.78	46.58	4.66	0.47
9.	524.00	52.40	5.24	0.52

A 2f.90 (58 sous) la livre.

	Myriagr.	Kilogr.	Hectogr.	Décagr.
1.	59.24	5.92	0.59	0.06
2.	118.49	11.85	1.18	0.12
3.	177.73	17.77	1.78	0.18
4.	236.97	23.70	2.37	0.24
5.	296.22	29.62	2.96	0.30
6.	355.46	35.55	3.55	0.36
7.	414.70	41.47	4.15	0.41
8.	473.95	47.40	4.74	0.47
9.	533.19	53.32	5.33	0.53

A 2f.95 (59 sous) la livre.

	Myriagr.	Kilogr.	Hectogr.	Décagr.
1.	60.26	6.03	0.60	0.06
2.	120.53	12.05	1.21	0.12
3.	180.79	18.08	1.81	0.18
4.	241.06	24.11	2.41	0.24
5.	301.32	30.13	3.01	0.30
6.	361.59	36.16	3.62	0.36
7.	421.86	42.19	4.22	0.42
8.	482.12	48.21	4.82	0.48
9.	542.38	54.24	5.42	0.54

A 3f. la livre.

	Myriagr.	Kilogr.	Hectogr.	Décagr.
1.	61.29	6.13	0.61	0.06
2.	122.57	12.26	1.23	0.12
3.	183.86	18.39	1.84	0.18
4.	245.15	24.52	2.45	0.25
5.	306.43	30.64	3.06	0.31
6.	367.72	36.77	3.68	0.37
7.	429.00	42.90	4.29	0.43
8.	490.29	49.03	4.90	0.49
9.	551.58	55.16	5.52	0.55

CORRESPONDANCE

Des prix du Kilogramme avec ceux de la Livre ancienne.

Prix du Kilogr.	Prix de la Livre.		Prix du Kilogr.	Prix de la livre.		Prix du Kilogr.	Piix de la livre.	
fr. c.	fr. c.	sous. d.	fr. c.	fr. c.	sous. d.	fr. c.	fr. c.	sous. d.
1. 00	0. 49	10. .	3. 00	1. 47	29. 6	5. 00	2. 45	49. .
1. 10	0. 54	11. .	3. 10	1. 52	30. 6	5. 10	2. 50	50. .
1. 20	0. 59	12. .	3. 20	1. 57	31. 6	5. 20	2. 55	51. .
1. 30	0. 64	13. .	3. 30	1. 62	32. 6	5. 30	2. 60	52. .
1. 40	0. 69	14. .	3. 40	1. 67	33. 6	5. 40	2. 65	53. .
1. 50	0. 73	14. 6	3. 50	1. 72	34. 6	5. 50	2. 70	54. .
1. 60	0. 78	15. 6	3. 60	1. 76	35. .	5. 60	2. 74	55. .
1. 70	0. 83	16. 6	3. 70	1. 81	36. .	5. 70	2. 79	56. .
1. 80	0. 88	17. 6	3. 80	1. 86	37. .	5. 80	2. 84	57. .
1. 90	0. 93	18. 6	3. 90	1. 91	38. .	5. 90	2. 89	58. .
2. 00	0. 98	19. 6	4. 00	1. 96	39. .	6. 00	2. 94	59. .
2. 10	1. 03	20. 6	4. 10	2. 01	40. .	6. 10	2. 99	60. .
2. 20	1. 08	21. 6	4. 20	2. 06	41. .	6. 20	3. 04	61. .
2. 30	1. 13	22. 6	4. 30	2. 11	42. .	6. 30	3. 09	62. .
2. 40	1. 18	23. 6	4. 40	2. 16	43. .	6. 40	3. 14	63. .
2. 50	1. 23	24. 6	4. 50	2. 20	44. .	6. 50	3. 18	63. 6
2. 60	1. 28	25. 6	4. 60	2. 25	45. .	6. 60	3. 23	64. 6
2. 70	1. 32	26. 6	4. 70	2. 30	46. .	6. 70	3. 28	65. 6
2. 80	1. 37	27. 6	4. 80	2. 35	47. .	6. 80	3. 33	66. 6
2. 90	1. 42	28. 6	4. 90	2. 40	48. .	6. 90	3. 38	67. 6

Prix du Kilogr.	Prix de la livre.		Prix du Kilogr.	Prix de la livre.		Prix du Kilogr.	Prix de la livre.	
fr. c.	fr. c.	sous. d.	fr. c.	fr. c.	sous. d.	fr. c.	fr. c.	sous d.
7. 00	3. 43	68. 6	8. 00	3. 92	78. 6	9. 00	4. 41	88. .
7. 10	3. 48	69. 6	8. 10	3. 97	79. 6	9. 10	4. 46	89. .
7. 20	3. 53	70. 6	8. 20	4. 02	80. 6	9. 20	4. 51	90. .
7. 30	3. 58	71. 6	8. 30	4. 06	81. .	9. 30	4. 56	91. .
7. 40	3. 63	72. 6	8. 40	4. 12	82. .	9. 40	4. 61	92. .
7. 50	3. 68	73. 6	8. 50	4. 16	83. .	9. 50	4. 66	93. .
7. 60	3. 73	74. 6	8. 60	4. 22	84. .	9. 60	4. 70	94. .
7. 70	3. 77	75. 6	8. 70	4. 26	85. .	9. 70	4. 75	95. .
7. 80	3. 82	76. 6	8. 80	4. 32	86. .	9. 80	4. 80	96. .
7. 90	3. 87	77. 6	8. 90	4. 36	87. .	9. 90	4. 85	97. .

L'usage de cette table est si simple qu'il n'a pas besoin d'explication ; en voici seulement quelques exemples.

Premier exemple. Le prix d'une marchandise étant convenu à 3 fr. 50 c. le kilogramme: on demande quel seroit celui de la livre.

Cherchez 3 fr. 50 c. dans la colonne des prix du kilogramme, et vous verrez immédiatement à côté dans la colonne suivante, que le prix de la livre seroit de 1 fr. 72 c., ce qui revient à-peu-près à 34 sous 6 deniers.

Second exemple. Le prix du kil. étant de 8 fr. 40 c., on demande quel seroit celui de la livre.

Prenez le nombre correspondant à 8 fr. 40 c. prix du kilogramme, et vous trouverez 4 fr. 12 c. (environ 82 sous, ou 4 livres 2 sous).

Quoique les nombres de cette table ne procedent que de 10 en 10 centimes, elle peut néanmoins servir pour connoître la correspondance des prix intermédiaires.

Troisieme exemple. Le prix du kilogramme étant de 4 fr. 25 cent., on demande quel seroit le prix de la livre.

Cherchez les prix de la livre correspondant à 4 fr. 20 centimes, et à 4 fr. 30 centimes, qui sont 2 fr. 06 c., et 2 fr. 11 centimes, il est clair que le prix de la livre correspondant à 4 fr. 25 centimes, sera entre ces deux-là, savoir: 2 fr. 08 centimes ou 2 fr. 09 (environ 41 s. 6 deniers).

Cette table ne donne la correspondance des prix que depuis 1 fr. jusqu'à 10; elle peut cependant servir pour tous les autres prix au-dessous de 1 fr. ou au dessus de 10.

Quatrieme exemple. Le prix du kilogramme étant de 70 c. si l'on veut savoir quel seroit le prix de la livre, on prendra le nombre correspondant à 7 fr. 00 centimes, qui est 3 fr. 43 centimes, et considérant le 1er chiffre 3 qui exprime des francs, comme exprimant des dixaines de centimes: on aura pour le prix de la livre, 34 centimes (environ 7 sols).

Cinquieme exemple. On trouvera par une semblable opération que le prix du kilogramme étant de 37 cent., celui de la livre seroit de 18 centimes.

Sixieme exemple. Le prix du kilogramme étant de 13 fr. on demande quel seroit celui de la livre.

Prenez le nombre correspondant à 1 fr. 30 centimes qui est 0 fr. 64 centimes, et en supposant que le premier chiffre 6 de ce dernier nombre exprime des francs, au lieu d'exprimer des dixaines de centimes vous aurez pour le prix de la livre 6 francs 40 centimes.

Septieme exemple. Le prix du kilogramme étant de 63 fr. 50 centimes, on demande le prix de la livre.

Prenoz les prix de la livre correspondants à 6 francs 30 centimes, et 6 fr. 40 centimes, qui sont 3 fr. 09 c. et 3 fr. 14 centimes ; ajoutez au plus petit la moitié de la différence, vous aurez 3 fr. 15 centimes, à quoi donnant une valeur 10 fois plus grande, ce qui se fait en supposant que le premier chiffre 3 exprime non pas des francs, mais des dixaines de francs ; vous aurez 31 francs 15 centimes, pour la livre.

FIN.

www.ingramcontent.com/pod-product-compliance
Lightning Source LLC
LaVergne TN
LVHW012114170826
845678LV00001BA/447
* 9 7 8 2 3 2 9 6 8 6 4 3 1 *